SUR L'ORGANISATION

DES

# ATELIERS NATIONAUX

ET SUR CELLE

## DU TRAVAIL INDIVIDUEL.

PAR

VICTOR W...F. WINFORT.

**Prix : 15 centimes.**

PARIS
IMPRIMERIE CLAYE ET TAILLEFER
RUE SAINT-BENOIT, 7.

1848

SUR L'ORGANISATION

DES

# ATELIERS NATIONAUX

ET SUR CELLE

## DU TRAVAIL INDIVIDUEL.

Paris, 22 mars 1848.

Dans un travail précédent [1], j'ai exposé comment l'État et les particuliers eux-mêmes pourraient venir au secours du commerce, de l'industrie et des classes ouvrières, en fractionnant presque à l'infini les capitaux immobilisés dans les magasins, dans les maisons, les forêts, tout ce qui offre une garantie réelle et est susceptible de payer un intérêt, c'est-à-dire en créant un papier de dix et même de cinq unités de francs, de la même manière que l'or et l'argent passent de l'état de purs métaux à celui de valeurs circulantes.

Aujourd'hui, je vais m'efforcer de démontrer que sans violenter les personnes, sans attaquer aucun intérêt, il est, je ne dirai pas seulement possible, mais facile de réorganiser la société *travailleuse* sur une

1 *Sur la question des Finances*; in-8°, Paris, 11 mars 1848. Lisez la note *B*, page 30.

base nouvelle; qu'avec l'aide et sous la protection de l'État, les travailleurs arriveront (sans perturbation dans le système actuel de production, et au point de vue de l'intérêt du pays) aux plus heureux résultats pour eux-mêmes, pour leur famille, pour la patrie tout entière.

Je commence par le reconnaître, et je dois le démontrer, jusqu'ici les ouvriers ont été exploités, — je ne dirai pas par les hautes classes de la société ou par de vrais capitalistes, — mais par des hommes qui se disaient ou se croyaient possesseurs privilégiés de l'intelligence, ou maîtres d'un secret *spéculatif* qu'ils prétendaient élever au même rang que le capital, mettre en valeur comme un capital. La plupart du temps, ces hommes commençaient des spéculations, des affaires, sans avoir le premier sou, et ils n'en étaient que d'autant plus âpres à la curée. Déjoués dans leurs calculs, ils allaient bientôt échouer sur l'écueil de la banqueroute, cherchant à sauver, aux dépens de Pierre ou de Paul, une partie de leur cargaison. D'autres ont réussi, et dès lors ils figurent dans cette petite phalange qu'on désigne par l'épithète des *enrichis;* mais y tiennent-ils la place la plus honorable? Non, sans doute. Quelle différence, en effet, entre deux individus dont l'un a, pendant trente ou quarante ans de sa vie, fait fructifier son petit patrimoine ou un capital d'*emprunt*, et dont l'autre, pour avoir su capter la confiance de gens faciles à enthousiasmer, au risque de les entraîner dans un précipice, s'est procuré les moyens d'exploiter les travailleurs, sans profit pour personne autre que pour lui!!!

C'est contre de tels impudents, c'est aussi au peuple des rues qui voudrait vivre à ne rien faire, c'est aux gens qui sans nulle pudeur se rendent à charge à la société, que je déclare ici la guerre : oui, mais une guerre loyale et franche.

Je débute par un exemple.

Un malheureux m'accoste dans la rue en me demandant l'aumône. — Qui êtes-vous? lui dis-je. — Je suis un ouvrier sans ouvrage... — bottier, tailleur, coiffeur, peu importe! Je lui donne quelques sous; savez-vous pourquoi? C'est parce que, si je l'envoyais chez mon coiffeur, ou chez mon bottier, ou chez mon tailleur, ceux-ci me répondraient très-probablement : — Nous sommes très-flattés d'avoir votre pratique, vous pouvez compter sur notre exactitude et notre fidélité; mais dispensez-nous, je vous prie, de votre recommandation en faveur du premier venu qui aura ému votre pitié.

Or, s'il existait, pour les différents corps d'état, des ATELIERS NATIONAUX, je n'oserais donner à cet homme une humiliante aumône, je lui dirais au contraire : — Vous voulez de l'ouvrage? eh bien, voici l'adresse d'un atelier où vous trouverez à vous occuper.

Second exemple :

Un homme est poussé au crime par la honte de mendier; il trouve plus courageux d'attaquer les passants. Comment en est-il venu là? le voici. Cet homme est sans ouvrage ; il s'est présenté dans un atelier dont le personnel est au complet, et où on lui répond avec politesse qu'en ce moment il est impossible de le recevoir; dans un autre, on lui a objecté qu'on ne le connaît pas, que s'il eût été un bon ouvrier, il ne se trouverait pas sur le pavé. Humilié, découragé, il va frapper à la porte d'un troisième atelier : il est accueilli; cependant on regrette de ne pouvoir l'occuper, on le plaint sincèrement, avec la meilleure volonté du monde on ne saurait en ce moment lui donner de l'ouvrage;... nonobstant, pour l'obliger, on consent à lui donner un pantalon à faire, qui lui sera payé un franc. — Bottier, on lui offrira deux francs pour la façon d'une paire de bottes; — gantier, un franc vingt centimes par douzaine. — Encore faut-il que, sur cette faible rétribution, l'ouvrier fournisse son fil, sa soie, etc., etc. — Il accepte, se met à l'œuvre; mais bientôt, sentant qu'il travaille jour et nuit sans gagner le nécessaire pour lui et sa famille, il se prend à haïr l'espèce humaine tout entière, et le riche en particulier; il préfère devenir mendiant, filou, voleur, tout ce qu'il y a de pire, plutôt que de s'exposer à d'humiliants refus, plutôt que de continuer cette pénible existence; il aspire après un changement, et toutes les commotions politiques le trouvent prêt à s'élancer sur la voie publique.

Les femmes, dont il ne faut pas oublier de parler ici, nous ne savons que trop à quelle triste métier elles descendent peu à peu, lorsqu'elles n'ont pas franchi, d'un seul bond, les dernières bornes de la pudeur. Comment peuvent-elles exister, lorsque, par exemple, on leur donne *trente centimes* pour la façon d'une paire de bottines, sur quoi il leur faut déduire *dix centimes* pour fournitures?

A qui la faute? La faute est, en grande partie du moins, à ces spéculateurs de bas étage qui, n'ayant pas les ressources pécuniaires indispensables pour effectuer le paiement de la main-d'œuvre, ou tous les samedis, ou tous les quinze jours, osent exploiter la misère du travailleur plus honnête certes qu'ils ne le sont eux-mêmes, afin de faire concurrence aux fabricants aisés, et de s'enrichir le plus tôt possible. Pourvu qu'ils arrivent à leurs fins, ils s'inquiètent fort peu si c'est aux dépens des sueurs du pauvre, ou aux dépens de leurs fournisseurs!!! Le détaillant, à son tour, dans son stupide égoïsme, rogne partout où il peut, afin de rivaliser avec son voisin d'en face ou d'à côté, en vendant au meilleur marché possible l'article sur le débit duquel ce dernier compte pour gagner sou à sou une modique fortune.

Voilà ce qui se passe tous les jours, partout, aux yeux de tous.

Si la crainte de donner aux ouvriers une ombre d'influence politique n'eût jusqu'à ce jour aveuglé nos gouvernants, ils les auraient réunis par corps d'état (autrement dit par corporations), qui auraient eu leurs assemblées particulières dans lesquelles, chacun apportant le tribut de son expérience, le tribut de sa misère, ils auraient avisé en commun au moyen d'échapper à une odieuse exploitation. Des hommes qui sentent leurs maux sans qu'une porte de salut soit ouverte devant eux, sont merveilleusement préparés à devenir les agents actifs d'une révolution qu'un parti leur montre comme devant inaugurer pour eux une ère de prospérité.

Le premier devoir de la société est d'étendre sa protection sur les membres dont elle est composée, de veiller à leurs intérêts réciproques : chacun se doit à la société, la société se doit à tous. Lorsqu'une partie du corps humain est attaquée par la maladie, il faut recourir au médecin avant qu'elle ait envahi l'organisme tout entier, où la mort s'avance à grands pas. Dans le corps social, s'il y a des membres qui ne reçoivent pas dans une juste proportion l'alimentation que demande la nature, le danger est grand de voir ceux-ci se jeter, avec une rage aveugle, là où ils verront ou croiront voir du superflu.

Un paysan, un laboureur trouve encore à manger sur le champ arrosé de ses sueurs, lorsqu'il sait faire rendre à la terre tout ce qu'elle est capable de donner à l'homme; l'ouvrier des villes, que trouvera-t-il pour assouvir sa faim? Des pierres!... encore faudrait-il qu'elles lui appartinssent.

En résumé, un homme né pauvre est condamné à mourir pauvre, après avoir travaillé toute sa vie, parce que son travail de chaque jour, qui est un capital accumulé, profite, non à lui-même, mais à ces exploiteurs sans entrailles qui le font travailler au plus vil prix. Dans mon petit écrit *sur la question des finances*, j'ai dit, et je crois devoir le répéter ici : « L'argent, converti en espèces circulantes, re-« présente la somme des difficultés de la fouille au « fond des entrailles de la terre (c'est-à-dire l'extrac-« tion et le traitement du minerai); les marchandises « représentent la difficulté de la confection (la matière « première et la main-d'œuvre); une maison, l'achat « du terrain et des matériaux, augmentée du prix de « la construction; une forêt, c'est le capital engagé, « plus le temps nécessaire à l'accroissement des arbres « qui la composent. Or, dans ces exemples, on voit, « clair comme le jour, que le travail de l'homme est « un capital réel. » Quel profit un ouvrier, un laboureur, retire-t-il d'un pénible labeur de vingt ans? Aucun. Ceux qui possèdent le signe représentatif du travail sont encore ceux à qui le travail de leurs semblables rapporte le plus. — Le *manouvrier*, celui qui manipule la matière ouvrable, sort de l'atelier tout aussi pauvre qu'il y est entré; car, dans sa carrière de peine et de misère, qui lui laisse à peine la faculté de pourvoir au présent, comment pourrait-il penser à l'avenir? Trop restreint pour pouvoir faire des économies, il traîne en mendiant son pain une vieillesse languissante, après n'avoir vu que trop souvent sa femme et les enfants qu'elle lui a donnés, manquer du strict nécessaire.

Appliquons à cette plaie profonde un remède énergique et prompt. Que dans chaque établissement industriel, dans chaque atelier, le *patron* fasse une retenue de 5 p. 100 sur les différents salaires, et qu'il en verse tout de suite le montant dans une caisse *d'Assurance Nationale*, administrée par l'État : ce serait faire sur une grande échelle ce que font les *sociétés d'assurance mutuelle*, mais avec un avantage que ces sociétés ne sauraient offrir, car, sous la surveillance du ministre des finances, capital et intérêts prendraient un accroissement proportionné aux travaux d'utilité publique, chemins de fer, exploitations quelconques, auxquels ils seraient appliqués sous la garantie de toute chance de perte [1]. Par ce moyen, vieillards et infirmes (hommes ou femmes) auront une existence assurée; les veuves et les orphelins seront soustraits à la misère. L'économie de leurs travaux leur profiterait à eux seuls [2].

Un tel *fonds de retenue* deviendra pour tous et chacun des travailleurs un garant contre tout sinistre particulier; et comme il sera assuré par l'État contre toute perte, comme, au contraire, les intérêts accroîtront chaque jour un capital qui lui-même s'augmentera par des versements chaque jour répétés, on peut,

1. Voir, à la fin, la *note* A, et la note 1 de la page 13.

2. Et qui s'opposerait à ce que le gouvernement républicain, qui doit toute sa sollicitude aux hommes utiles, réservât pour l'âge mûr les places de confiance dans les populeuses administrations des chemins de fer, et autres, au lieu de les donner à des protégés qui n'ont pas encore passé par les épreuves de la vie sociale?

sans exagération, assigner une époque où il dépassera *cent millions*.

L'abolition de toutes les compagnies d'assurance serait un acte de bonne économie politique, car personne n'a le droit de se créer des profits exclusifs. En cas de sinistre, tels qu'incendie d'une ville entière, maladies contagieuses ou pestilentielles, la nation, toujours debout, n'offre-t-elle pas plus de garanties que ces dispendieuses administrations sur lesquelles plane constamment la menace d'une banqueroute imminente? [1]

Que le gouvernement se hâte donc d'ouvrir des ateliers nationaux [2], et surtout pour l'agriculture, dans les fermes de l'État les mieux administrées, afin d'en faire des *écoles pratiques agricoles;* qu'il reconstitue sur toute la surface de la France les corporations : chacune aura un bureau central siégeant à Paris, et dont les membres seront élus par elles de la même manière que l'armée va nommer les représentants du

1. En Russie, l'État lui-même est assureur contre l'incendie, la grêle, la sécheresse, et autres fléaux du ciel; il est assureur contre les risques maritimes, il est assureur pour la propriété mobilière et immobilière; et cela, au moyen d'une capitation rigoureusement proportionnelle. Ce système, le seul juste, le seul véritablement bon, amène dans les coffres du fisc impérial une réserve considérable, toujours prête à se porter là où le malheur s'est abattu, afin d'effacer le sillon qu'une blâmable incurie laisserait peut-être s'approfondir.

2. Non pas dans le but de monopoliser les industries, mais à cette fin seulement de donner aux ouvriers momentanément sans ouvrage, de quoi vivre d'une manière sinon prospère, du moins suffisante. C'est vraiment un *coup d'épée dans l'eau* qu'un travail payé 1 fr. sans utilité pour personne, qu'on fait faire à un tailleur ou à un bijoutier dont la main n'a jamais manié la bêche ni la brouette.

peuple. Toute corporation en faveur de laquelle on ne pourrait pas ouvrir des ateliers nationaux, imposerait à chacun de ses membres une contribution de 50 centimes par semaine, recueillie par des commissaires délégués, et déposée dans une caisse à trois clefs, afin de venir au secours de ceux de ses membres qui momentanément se trouveraient sans ouvrage, à moins qu'il ne soit prouvé qu'on peut imputer à l'inconduite cette situation fâcheuse, *ce dont la majorité sera appelée à décider*. Le président de la corporation, qui sera élu par elle, se mettra en rapport avec les chefs des établissements privés de la ville ou du canton, et enverra y travailler les hommes ou femmes dont on y aurait besoin[1], après avoir fixé toutefois le minimum du prix de la main-d'œuvre, prix qui serait le même au dehors qu'au dedans, sous peine, pour les particuliers qui se refuseraient à s'y conformer, de se voir refuser les travailleurs dont les bras leur seraient nécessaires.

On voit que les mauvais effets d'une concurrence illimitée ne se reproduiraient plus, puisque, pour tel ou tel objet de fabrication par pièce, les salaires deviendraient uniformes, indépendamment de la commande. On voit encore que le consommateur y gagnerait, puisqu'une équitable rémunération n'établirait entre les grandes maisons industrielles et les ateliers na-

1. Bien entendu que le sort en déciderait; autrement, les ateliers nationaux seraient conduits à se débarrasser des moins habiles et des moins sages.

tionaux, placés tous dans des conditions identiques, d'autre rivalité que celle de bien faire et au meilleur marché possible. Ainsi, par exemple, tel objet manufacturé à Paris se vendrait à un plus haut prix que son similaire manufacturé à Lille, ou à Lyon, ou à Rouen; d'un autre côté, le débitant qui, logé dans un des quartiers brillants d'une ville, reçoit dans sa boutique les gens riches, vendra des objets de choix, et par conséquent il réalisera un plus grand bénéfice que son confrère des faubourgs, qui opère sur les mêmes objets de qualités inférieures.

Ici, je me trouve en opposition avec M. Louis Blanc, qui veut établir un prix uniforme pour la main-d'œuvre. Comprend-on qu'un sculpteur en bois, s'il est doué d'une habileté supérieure à celle de son émule, ne gagne pas une journée plus forte que ce dernier? Comprend-on qu'il soit interdit au père de famille qui élève trois, quatre, cinq enfants, de gagner plus qu'un célibataire? Comprend-on encore qu'un homme qui en quatre heures de temps fera la même quantité d'ouvrage qu'un autre en dix heures, soit contraint, ou de rester les bras croisés pendant cette différence de temps, ou d'employer ses forces à avancer la besogne de l'autre? Ce serait accorder une prime d'encouragement à l'ignorance et à la paresse.

Mais revenons à l'organisation des ateliers nationaux.

Un impôt spécial[1], établi par le gouvernement, pro-

1. Voir les *notes* A et B; voir surtout le résumé, qui donne un chiffre bien au-dessous de celui qu'on pourrait atteindre.

duit les fonds nécessaires pour en ouvrir un ou plusieurs dans les différents centres de production. L'ouvrier, dans sa spécialité, y est admis pour un temps déterminé, et reçoit toutes les semaines le salaire que son intelligence, son activité, lui ont mérité; à lui permis de travailler 10, 12, 15 heures, selon sa force, son courage ou ses besoins. A la différence des ateliers privés, où le prix de la main-d'œuvre est déterminé par le chef d'établissement ou par des contremaîtres, dans les ateliers nationaux ce seront les ouvriers eux-mêmes qui en feront l'appréciation à la majorité des voix. Celui dont l'ouvrage aura en sa faveur une meilleure exécution, sera payé sur un pied plus élevé que son compagnon moins habile ou plus insouciant. Cette taxation n'a rien d'arbitraire; elle mettrait seulement en évidence les aptitudes particulières, et amènerait en faveur des *ouvriers libres* la rectification des salaires, une rémunération équitable. Ainsi, un travailleur n'est pas satisfait de ce qu'il gagne en ville, qu'il vienne à l'atelier national, il y trouvera un travail qu'apprécieront ses *pairs;* au contraire, qu'il trouve à gagner plus au dehors, libre à lui de quitter l'atelier commun pour aller partout où l'appellera son intérêt.

Il résulterait de là : 1° que les ouvriers ne quitteraient plus les maîtres par caprice, ne les menaceraient plus de faire grève s'ils ne consentent à leurs exigences; 2° que les maîtres, au lieu de se montrer arrogants, despotes, insolents, fraterniseraient avec leurs ouvriers, s'ils ne voulaient s'exposer à voir ceux-ci déserter leur maison. Sous la blouse de l'ouvrier bat un cœur d'homme; combien de fois n'ai-je pas été à même de le voir! ce cœur renferme plus de générosité, plus de désintéressement que l'on n'en rencontre dans les classes qui, parce qu'elles sont bien habillées, se prétendent les plus polies, les plus éclairées; mais sous ce vernis que trouvez-vous? dissimulation. Ce n'est pas à l'usage de l'homme du peuple qu'a été forgé cet aphorisme : « *La parole a été donnée à l'homme pour dissimuler sa pensée;* » non, dans sa simplicité, il croit à quelque chose, lui, il croit à la probité chez les autres comme il croit à la sienne. Quoi d'étonnant qu'il s'irrite lorsqu'il s'aperçoit qu'on l'a trompé? Le temps est venu où l'on doit renoncer à traiter comme un mendiant, comme un esclave, l'homme qui gagne son pain à la sueur de son front, et où le caprice, la colère, feront place à l'urbanité, à la douceur; car, qu'on ne l'oublie pas! chacun aujourd'hui est fier de sa dignité d'homme libre, et saura la faire respecter. Larochefoucauld, l'auteur du livre des *Maximes*, l'a dit avec raison : « L'amour-propre offensé ne pardonne jamais. » Que personne n'oublie cette grande vérité, et qu'elle devienne la règle constante des rapports d'homme à homme.

Avec des ateliers nationaux, la *fraternité* ne sera plus un mot vide de sens; l'ouvrier sentira qu'en travaillant à son propre bonheur il remplit sa tâche dans l'accomplissement du bonheur commun, tâche imposée par Dieu lui-même, non-seulement aux habitants d'un même pays, mais à l'*humanité* tout entière.

En dirigeant, en gérant eux-mêmes leurs propres affaires, d'après le système électif, autrement dit d'après les lumières de la majorité, les ouvriers auront soin d'expulser les ivrognes, les paresseux; jamais une petite bande de mauvais sujets ne viendra forcer les bons à quitter leur ouvrage pour courir à leur suite après quelque fantôme créé par des imaginations maladives. La meilleure police serait celle qui aurait pour agents intéressés des ouvriers sages et capables; la meilleure éducation morale serait celle qui prendrait ses racines dans les vertus traditionnelles. La noblesse de l'âme n'est-elle pas l'héritage le plus précieux, la seule noblesse digne d'exciter l'ambition?

Voilà pour le côté moral de la question; examinons-la sous le rapport matériel, et voyons où pourraient être, sans trop grands frais, établis les ateliers nationaux, comment ils trouveraient les débouchés les plus avantageux?

Convertir en ateliers les châteaux de Saint-Cloud, de Meudon, de Compiègne, de Saint-Germain[1], etc.,

[1] On a dit que l'Angleterre loge ses pauvres dans des palais et ses rois dans des baraques; cela ressemble très-fort à une vérité. Qui n'a vu, ou du moins qui n'a entendu parler de l'hôpital de Greenwich, dans lequel, grâce à un mot heureux échappé du cœur de la reine Élisabeth, «*viennent achever leurs jours les marins mutilés par la mitraille ou arrêtés dans leur course par une vieillesse parfois anticipée?*» Qui ne connaît Chelsea, refuge non moins magnifique des invalides de l'armée de terre? A côté de ces monuments, on prendrait le palais de Saint-James pour une prison, celui de Buckingham pour une caserne.

prendre à location les usines que leurs propriétaires ne peuvent plus faire marcher; établir des écoles d'agriculture sur les terres du domaine privé, aujourd'hui séquestrées au profit des travailleurs; faire des forêts jusqu'alors affectées à la liste civile de vastes écoles forestières;—que les élèves les plus distingués de ces écoles soient envoyés comme professeurs pratiques sur tous les points de la France, afin d'enseigner aux cultivateurs les meilleurs procédés d'agriculture et d'aménagement; — que les soldats mariés quittent le fusil pour prendre la bêche, pour conduire la charrue, changeant ainsi leur misérable existence en un comfort auquel ils ont tout autant de droit que le travailleur des villes et des fabriques : quel mal y aurait-il à cela? Les palais, les demeures des *souverains* déchus passeront à jamais au *peuple souverain* et impérissable, et au lieu d'être le repaire des crimes politiques, de la débauche, de l'intrigue, de l'oppression, ils deviendront les monuments d'une gloire durable : la postérité reconnaissante applaudira aux efforts d'une génération pleine de générosité, de franchise, de nobles sentiments.

Au lieu d'entretenir au Champ-de-Mars, au boulevard du Nord, des bandes d'ouvriers appartenant à tous les états, et de leur faire brouetter de côté et d'autre, moyennant 120,000 francs par jour, des terres qui peut-être ne demandaient pas à être remuées; au lieu d'entretenir dans les casernes ces inutiles bataillons de garde nationale mobile dont on ne saura bientôt plus que faire, et qui depuis un mois ont coûté plus de *deux millions*, je voudrais que le ministre des travaux publics et son collègue de l'intérieur, fissent réunir dans une vaste enceinte, et les ouvriers sans ouvrage, et les *maîtres* qui, faute d'argent, ne peuvent leur en donner. Là, ils seraient classés par arrondissement, d'après leur domicile respectif; on leur proposerait de se mettre à l'œuvre, et au lieu de recevoir un ou deux francs par jour, pour ne rien faire d'utile, de gagner loyalement trois ou quatre francs dans un travail productif, l'État se chargeant de faire à ces petits ateliers les avances nécessaires et de recevoir dans ses magasins spéciaux, tant que durera la crise, les marchandises ainsi confectionnées [1]. On appliquerait à ce cas particulier le *papier-monnaie* ou moyen d'échange dont j'ai demandé la création et développé le mécanisme ainsi que les avantages dans ma brochure *sur la question des finances et sur les mesures à prendre pour prévenir une crise industrielle.*

On pourrait, pour utiliser les heures de loisir du soir, ouvrir aux ouvriers des différents corps d'état, des cours dans lesquels on développerait devant eux les premières notions de l'économie politique, de manière à leur faire comprendre l'urgente nécessité d'une organisation des corps de métiers; car il est matériellement impossible de créer des ateliers nationaux

1. Au moins aurait-on en marchandises une valeur à échanger, à vendre; ce qui rapporterait certainement plus que le *brouettage* qu'on a substitué au *travail économique.*

comme d'un coup de baguette; nous ne sommes pas assez sorciers pour cela. Il faut prouver aux travailleurs qu'il s'agit pour eux *de se caser momentanément* dans les ateliers particuliers, de gagner leur pain en hommes libres, et non en mendiants comme ils en conviennent eux-mêmes; car pendant que la France se croise les bras, l'Angleterre, toujours active, place ses marchandises à crédit, dans les États d'Italie, d'Allemagne, en dépit des commotions politiques : quand, enfin, les Français arriveront, ils trouveront tous les magasins étrangers remplis, et ils se plaindront encore de la perfide Albion! La révolution de 1848, faite par le peuple et pour le peuple, ne doit pas plus être exploitée qu'escamotée; il faut que les travailleurs deviennent une force morale en même temps qu'ils sont une force physique, ce qui est toute autre chose que la force aveugle et brute : la condition d'existence de l'une, c'est l'ordre et la paix; l'autre ne se plaît que dans l'anarchie.

Après l'organisation du travail vient nécessairement l'organisation commerciale.

Des *docks*, ou magasins ouverts par l'État, recevront les produits des ateliers nationaux [1], aux mêmes conditions qu'ils reçoivent ceux des autres industries; les *bons* délivrés en échange des marchandises représenteront de l'argent avec lequel la production sera

[1] Et durant la crise, ils recevront, comme je l'ai dit, les produits des petits ateliers auxquels l'État aura fait des avances, afin d'occuper *fructueusement* des bras, chacun selon son métier, selon son capacité.

alimentée sans cesse, car ces *docks* donneront, à la vue et au su de tout le monde, la véritable mesure du progrès de telle ou telle industrie en général, de tel et tel atelier ou usine en particulier. Il va sans dire que les ateliers nationaux ne sauraient élever des prétentions déraisonnables, puisque s'ils voulaient vendre plus cher que leurs rivaux, ou s'ils jetaient sur le marché des produits de qualité inférieure, ils n'en trouveraient pas le placement; puisque l'administration *commerciale* des docks, régie d'après les mêmes principes démocratiques que les ateliers, ne consentirait pas à compromettre sa responsabilité morale et financière en acceptant à un taux trop élevé les marchandises déposées dans ses magasins, et en délivrant un titre qui renfermerait une fausse appréciation.

En tout ceci l'Angleterre nous offre de bons exemples. Celui qui en entrant dans un *dock* voit des millions de fromages, se gardera bien de s'embarquer dans une spéculation sur les fromages; celui qui y verra des millions de cuirs de Russie, se gardera bien de faire venir à son compte des cuirs du Nord.

En Angleterre, il y a de la misère, j'en conviens; mais cette misère pèse particulièrement sur l'industrie cotonnière, qui produit beaucoup au delà de la consommation; ce sont de riches capitalistes qui se font la guerre en exploitant les malheureux travailleurs [1].

1. Ce qui augmente la misère c'est que, par suite du goût que les dames montrent pour les produits étrangers de toute espèce, la Suisse et la Belgique versent encore sur le marché de l'Angleterre une grande quantité de calicots imprimés.

Les corporations de bottiers, de menuisiers, d'ébénistes, de bijoutiers, au contraire, sont libres dans leur allure, fortes de leur unité; car, comme je l'ai indiqué plus haut, du moment que, par une cause ou par une autre, les chefs d'établissements baissent les prix sans raison valable, leur atelier reste désert, et la corporation subvient en partie aux besoins de l'ouvrier lésé, jusqu'à ce qu'elle l'ait casé quelque part. Si l'ouvrier refuse, ou s'il se conduit de manière à se faire renvoyer (en un mot, s'il n'a pas honte de vivre aux dépens de la masse), on le raie de la liste, ce qui est une tache indélébile. De leur côté, lorsqu'ils ont besoin de bras, les maîtres s'adressent au bureau de la corporation, et là ils trouvent, sans retard et sans difficulté, des hommes éprouvés, car tout incapable est exclus non moins sévèrement que tout paresseux et tout indigne. Enfin, et moyennant une contribution de un franc par quinzaine (26 fr. par an), l'ouvrier honnête assure aide et protection, non-seulement à lui-même, mais à l'État, car ces affiliations, toujours fort nombreuses, suffiraient au besoin pour contenir et les anarchistes et ce peuple des rues qui s'attribuerait volontiers le privilége de vivre aux dépens du trésor public ou de la bourse des particuliers.

Jamais, en Angleterre, une révolution ne sera faite par les travailleurs, c'est-à-dire par les travailleurs organisés en corporations, car l'ordre et la paix sont les premières conditions de leur existence; les troubles, les commotions politiques, il faut les attribuer à cette tourbe parasite, à ces gens sans aveu qui en descendant dans la rue commencent par casser les lanternes, afin de couvrir du manteau de la nuit des extravagances et des forfaits qui n'osent se montrer au grand jour. Bref, l'association donne aux ouvriers une force physique et morale qu'aucune provocation au désordre ne saurait rompre, qui s'augmenterait, au contraire, par les tentatives faites pour les entraîner, comme le prouvent les nombreuses signatures d'ouvriers qui viennent couvrir le registre ouvert à la porte du palais de Buckingham : ce sont autant de témoignages d'une adhésion sincère à leur gouvernement.

En France, par l'établissement d'ateliers nationaux en faveur des industries qui sont susceptibles de se prêter à cette organisation, ou par l'association libre (c'est-à-dire la corporation) pour celles qui ne peuvent s'agglomérer, on arriverait à un résultat tout aussi avantageux : tels sont, par exemple, les maçons, les peintres, etc. Ces derniers trouveraient dans le magasin de leurs corporations respectives, tous les outils avec lesquels leur main est devenue familière[1].

Mais, comme je l'ai démontré plus haut, il faut avant tout, *caser, diriger les masses travailleuses,* les *mettre en rapport avec les chefs d'établissements*, et *leur faire bien entendre que les commotions politiques de l'Europe profitent à l'Angleterre seule*, qui favorisée

[1] Voir la *note* C.

par le manque de surveillance des douanes, s'empresse d'écouler ses marchandises partout où elle promène son pavillon. Et pendant ce temps, que faisons-nous? Faute de toute bonne direction, nous restons, ou à flâner dans les rues, ou à répandre dans certaines réunions un flux de paroles qui n'ont d'écho nulle part, ou à lire les affiches dont sont chargés les murs de la capitale!!!

**RÉSUMÉ.**—1° Il faut assembler les maîtres qui chôment et les ouvriers sans ouvrage, afin de fournir aux uns et aux autres du travail; il faut caser les travailleurs selon leurs métiers.

2° Tant que durera la crise actuelle, l'Etat fera aux petits ateliers des avances à raison de 2 fr. par homme, c'est-à-dire qu'il prendra le produit de la main-d'œuvre de la semaine contre du papier-monnaie momentanément créé. Au moins aurait-il quelque chose à montrer en échange de ses avances : ce sera toujours plus que de faire brouetter la terre. Un morceau de fer, pris dans la mine, vaut 5 centimes; fabriqué en rasoir, il vaut 5 francs; converti en ressort de montre, il vaut 200 francs. Pourquoi? parce que l'homme triple, centuple, augmente à l'infini la valeur de la matière brute sur laquelle s'exercent ses bras et son intelligence.

3° Les magasins nationaux donneront la véritable mèsure du commerce et de l'industrie, et ce qui ne trouvera pas son placement en France, on l'écoulera au moyen de bâtiments frétés à cette intention, ou mieux par les bâtiments de l'État, dans les pays les plus lointains, en échange des produits dont la France aurait besoin. Cette opération est toujours plus avantageuse sur une grande échelle que sur de petites proportions.

4° Lorsqu'une marchandise sera vendue, l'Etat se libérera envers l'atelier qui l'avait fournie, en lui tenant compte de la différence entre l'estimation primitive et le prix reçu. Cela se ferait provisoirement, jusqu'à ce que les Ateliers Nationaux puissent matériellement s'établir et opérer pour leur compte et par eux-mêmes. Cependant le surplus des profits des Ateliers Nationaux, prélèvement fait du prix de la main-d'œuvre, selon les capacités de chacun et en proportion avec le prix des industries particulières, sera la propriété de la coopération entière; — afin que les veuves, les orphelins et les malades, puissent recevoir les soins que leur état exigerait; — agir sur ce plan serait indispensable, afin de ne pas détruire les industries particulières.

5° Organiser des corporations et des Ateliers Nationaux, soit dans les casernes[1], soit dans des châteaux, etc.; fournir la matière première aux ouvriers ou ouvrières, en les rétribuant d'une manière équi-

[1] En envoyant la garde mobile, avec ses longs fusils, dans les forts aux environs de Paris, puisque les enfants veulent absolument monter la garde, ils n'auraient qu'à trotter tous les matins vers Paris pour les trente sous qu'ils reçoivent par jour; ce n'est pas trop demander, je pense.

table, afin de leur fournir une existence honnête.

6° Retenir 5 pour 100 sur tous les salaires indistinctement, afin de former une caisse de retraite : cela produirait une somme énorme, et suffisante pour servir aux veuves, aux orphelins, aux vieillards, une pension alimentaire. Par ce moyen l'ouvrier aurait le profit de la somme de son travail durant sa vie, il deviendrait capitaliste honnête et indépendant.

7° Les assurances sur la vie des 36 millions d'hommes, les assurances contre la grêle, la sécheresse, l'incendie, les risques de navigation, etc., etc., produiraient bientôt 40 à 50 millions par an.

8° Une taxe sur les revenus au-dessus de au moins 10,000 fr. produirait autant qu'en Angleterre, soit 150 millions par an.

9° Les économies sur le budget de la France s'élèveraient à 50 millions au moins : c'est bien peu sur le 1 milliard 500 millions de l'impôt que la France paye à l'État.

10° La mobilisation des biens de l'État, forêts, châteaux, etc., s'évalue à 150 millions pour le moins.

De tout cela je conclus que, sans faire violence ou injure à qui que ce soit, on peut commencer à organiser le travail et le commerce, remplacer le papier de crédit par le *papier-monnaie*, non-seulement sans risque de perturbation dans les fortunes, mais au plus grand avantage de tout le monde. Mais il faut agir, et ne pas permettre à des fainéants de manger, boire et dormir tout à leur aise, pendant que chaque heure est un siècle pour ces misérables travailleurs qui meurent de faim dans les rues. Napoléon ne dormait que cinq à six heures, quand encore il le pouvait, ne restait jamais à table une heure entière : Aussi était-il un organisateur; il ne bavardait pas, il agissait. Il détestait souverainement les fainéants et ceux qui se plaisent dans le désordre afin de s'enrichir.

Toutes les petites fortunes vont crouler, si l'état actuel des choses continue plus longtemps.

---

# NOTES.

---

### Note A, page 10.

1° Toutes les propriétés, tous les revenus du domaine privé et de l'ancienne liste civile, sont confisqués au profit des classes ouvrières, classes sur lesquelles repose en définitive le nouvel édifice social. Cette propriété mobilisée par la création d'un *papier-monnaie* fractionné par *unités* de 5, de 10, de 15 fr., remboursable, par voie d'amortissement, dans un laps de vingt ou de vingt-cinq années, produirait de suite un capital de 150 millions. Les palais de la royauté déchue serviront de local aux *ateliers nationaux*, si on ne leur affecte une destination plus avantageuse, si des casernes devenues inutiles n'y suffisent pas.

2° Une taxe du *dixième*, prélevée sur les personnes qui jouissent de 10,000 francs de revenu annuel, n'importe la base sur laquelle repose ce revenu, et qui suivra une proportion croissante en rapport arithmétique avec les unités de *mille* francs qui s'échelonnent au-dessus de 10,000.

Les propriétaires, les rentiers ou les commerçants placés dans cette catégorie verseront au trésor, soit en *espèces*, soit *en un billet à échéance quelconque*, le montant de leur quote-part dans la contribution : ces billets et cet argent seront immédiatement convertis en un papier-monnaie spécial, représentant au moins une valeur de 150 millions.

3° Pendant un laps de temps que fixera l'Assemblée nationale, les économies faites sur le budget général de la France seront affectées à l'augmentation du capital constitué au profit des *ouvriers*. Je m'explique : sous la monarchie constitutionnelle, les préfets et *autres fonctionnaires publics* recevaient des traitements considérables, faisaient même parfois des profits scandaleux ; que les agents de la République se contentent de moitié ou des deux tiers des allocations régulières ; et nous aurons enfin le *gouvernement à bon marché*, et nous ne verrons plus de ces traités honteux dont s'est indignée la loyauté française. Ce sera encore de 40 à 50 millions applicables aux ateliers nationaux.

4° L'abolition des compagnies d'assurances produirait un revenu net de 40 millions, juste le double de leur revenu actuel, parce que personne n'est obligé de traiter avec les compagnies, tandis qu'il n'y a pas moyen de se soustraire à une taxe d'assurance nationale. (*Voy.* la note 1re de la p. 13.)

5° Des hommes de bonne volonté, pris dans les régiments, pourraient être employés au défrichement des *six* millions d'hectares du sol français (non compris les vastes solitudes de l'Algérie), jusqu'au moment où la production de ces terres aura atteint le niveau nécessaire pour faire vivre les ouvriers, c'est-à-dire les laboureurs à qui la République en confiera dès lors l'exploitation à leurs risques et périls personnels. Il s'agit de leur montrer comment et de quelle manière on doit cultiver la terre pour en tirer un bon produit.

### Note B, page 13.

La France a 36 millions d'habitants; la propriété foncière est évaluée à 25 milliards; le matériel de navigation maritime et fluviale, le matériel industriel, les marchandises en magasin, le matériel des places fortes et celui l'armée, donnent approximativement un chiffre de 7 à 8 milliards; le numéraire n'est que de *deux milliards et demi*, et cependant il est quatre fois plus considérable qu'en Angleterre, et trois fois autant qu'en Russie. — La propriété territoriale est grevée d'une hypothèque montant à 13 milliards, d'où il faudrait déduire 5 milliards affectés à la garantie des biens dotaux, c'est-à-dire aux biens des femmes mariées, des veuves et des orphelins; c'est donc 8 milliards à peu près dont les usufruitiers ne participent en aucune façon à l'acquittement des charges de l'État. Une taxe sur le revenu au delà de 10,000 fr. serait un acte de justice, et il produirait autant au moins qu'il produit en Angleterre, somme ronde 150 millions. La comparaison entre ces chiffres démontre suffisamment qu'en France le numéraire n'est pas en proportion avec les besoins du commerce, et que, de nos jours, les lettres de change étant en discrédit et l'argent resserré dans la poche de chacun, il y a une urgente nécessité de créer un *papier-monnaie* qui remplacera momentanément le *papier de crédit*, parce qu'il sera soustrait aux chances de panique et de méfiance que court sans cesse ce dernier.

Quand les capitaux se resserrent, il y a crise commerciale

et industrielle; alors la signature privée tombe en discrédit. Pour rétablir l'équilibre, il faut que l'État supplée le numéraire par un *papier-monnaie*, fractionné par 5, 10, 20 unités de franc, et dont la garantie reposerait sur la propriété territoriale ou les signatures des contribuables, chaque propriété étant indiquée avec sa valeur cadastrale et la somme d'hypothèque dont elle reste grévée. (Voyez-en la formule dans ma brochure *Sur la question des finances*, 2e édition.)

Il faut se rappeler que tout chiffre à établir doit prendre pour base le revenu et non le capital, parce que le capital varie d'un instant à l'autre. Le revenu de la France est de 9 *milliards*, sur lesquels l'impôt prélève 1 milliard 500 millions, ou la sixième partie de la fortune publique.

Le nombre des contribuables qui paient au-dessus de 200 fr. ne va plus haut que 200,000; au-dessus de 500 fr., ils ne dépassent pas 30,000, preuve que la fortune est excessivement fractionnée, divisée.

NOTE C, page 22.

Beaucoup d'ouvriers français se sont plaints de l'égoïsme que montrent leurs confrères de la Grande-Bretagne; ils ont dit : « Regardez la France; elle est le refuge des étrangers; bannis politiques de toutes les opinions, travailleurs de tous les états, y sont reçus à bras ouverts non-seulement par le gouvernement, mais encore par nous autres qui nous empressons de les admettre dans nos ateliers. » S'ils avaient connu les avantages de l'organisation par corps de métiers, ces Français auraient compris le *système de protection* qui en découle naturellement. Au lieu de voir affluer chez eux les moins habiles peut-être parmi les travailleurs de toutes les nations de l'Europe, des apprentis, peut-on dire, ils n'auraient eu d'autre concurrence à redouter que celle d'hommes honnêtes, qui seraient venus étudier les arts dans lesquels la

France excelle, ou qui lui auraient apporté des idées nouvelles, des procédés peu connus. C'est la seule rivalité qui soit acceptable, car elle excite l'émulation des nationaux, et au lieu de faire naître la jalousie elle établit des rapports de bienveillance. N'oublions pas que, dans l'intérêt de leur conservation, les agglomérations d'hommes, tout aussi bien que les individus, font bon visage à quiconque leur apporte un moyen d'augmenter leur bien-être; qu'au contraire, elles repoussent celui qui vient en prélever sa part.

Un fait assez fréquent suffit pour éclaircir la question. Par exemple, un ouvrier français arrive à Londres et signe un engagement avec un maître français qui tout en lui payant 2 francs de plus qu'il n'avait l'habitude de gagner dans son pays, ne lui donne cependant que les deux tiers de ce qu'exigerait l'ouvrier anglais lui-même. De cette façon, le *maître français* fait concurrence au *maître anglais:* d'où des disputes fréquentes. Le même fait se produit en France avec les ouvriers belges et allemands, contre les intérêts des ouvriers français.

FIN.

www.ingramcontent.com/pod-product-compliance
Ingram Content Group UK Ltd.
Pitfield, Milton Keynes, MK11 3LW, UK
UKHW012308240726
13966UKWH00004B/1737

9 782012 479319